河南省工程建设标准

组合铝合金模板应用技术规程

Technical specification for application of combined aluminum alloy formwork

DBJ41/T191－2018

主编单位:郑州市第一建筑工程集团有限公司
　　　　　中国建筑第七工程局有限公司

批准单位:河南省住房和城乡建设厅
施行日期:2018 年 4 月 1 日

黄河水利出版社
郑　州

图书在版编目(CIP)数据

组合铝合金模板应用技术规程/郑州市第一建筑工程集团有限公司,中国建筑第七工程局有限公司主编. —郑州:黄河水利出版社,2018.3

ISBN 978-7-5509-2001-9

Ⅰ.①组… Ⅱ.①郑…②中… Ⅲ.①铝合金-模板材料-建筑材料-技术规范-中国 Ⅳ.①TU512.4-65

中国版本图书馆 CIP 数据核字(2018)第 047146 号

出 版 社:黄河水利出版社

地址:河南省郑州市顺河路黄委会综合楼 14 层 邮政编码:450003

发行单位:黄河水利出版社

发行部电话:0371-66026940、66020550、66028024、66022620(传真)

E-mail:hhslcbs@126.com

承印单位:河南瑞之光印刷股份有限公司

开本:850mm×1 168mm 1/32

印张:2.125

字数:53 千字　　印数:1—2 000

版次:2018 年 3 月第 1 版　　印次:2018 年 3 月第 1 次印刷

定价:20.00 元

本规程主要起草人员：雷　霆　焦安亮　周明军　黄延铮
李　遐　冯大阔　王前林　张中善
赵　军　徐克强　李　刚　时媛媛
周成军　赵　峥　石登辉　王苗强
闫亚召　霍继炜　陈先志　朱向阳
祁　冰　王艳民　焦　震　余复兴
袁国卿　杨　涛　申智伟　王　伟
邢国正　吴世华　徐华中　吕小梅

本规程主要审查人员：解　伟　栾景阳　刘立新　李建民
吴承霞　刘海燕　王　斌　胡伦坚

前　言

根据河南省住房和城乡建设厅《关于印发2017年度第二批工程建设标准编制计划的通知》(豫建设标〔2017〕48号)的要求,规程编制组经广泛调查研究,总结河南省铝合金模板应用的实践经验,参考有关国家标准和地方标准,并在广泛征求意见的基础上,编制本规程。

本规程共有8章及1个附录,主要内容包括:总则、术语和符号、基本规定、材料、设计、施工、检查与验收及维修、保管与运输和附录等。

本规程由河南省住房和城乡建设厅负责管理,技术解释由郑州市第一建筑工程集团有限公司和中国建筑第七工程局有限公司负责。执行过程中如有意见或建议,请寄送郑州市第一建筑工程集团有限公司(地址:河南省郑东新区龙子湖湖心岛尚贤街6号,邮编:450046)。

本规程主编单位:郑州市第一建筑工程集团有限公司
中国建筑第七工程局有限公司

本规程参编单位:郑州大学
河南省建筑科学研究院有限公司
河南省鼎铝环保建材有限公司
中建铝新材料河南有限公司
河南中宏建筑技术发展有限公司
中建七局第四建筑有限公司
河南省碧源路桥工程有限公司
河南五方合创建筑设计有限公司

河南省住房和城乡建设厅文件

豫建设标〔2018〕6号

河南省住房和城乡建设厅关于发布河南省工程建设标准《组合铝合金模板应用技术规程》的通知

各省辖市、省直管县(市)住房和城乡建设局(委),郑州航空港经济综合实验区市政建设环保局,各有关单位:

由郑州市第一建筑工程集团有限公司、中国建筑第七工程局有限公司主编的《组合铝合金模板应用技术规程》已通过评审,现批准为我省工程建设地方标准,编号为 DBJ41/T191－2018,自2018年4月1日起在我省施行。

此标准由河南省住房和城乡建设厅负责管理,技术解释由郑州市第一建筑工程集团有限公司、中国建筑第七工程局有限公司负责。

河南省住房和城乡建设厅

2018年1月15日

目　次

1 总 则

1.0.1 为规范组合铝合金模板工程施工技术要求，贯彻国家技术经济政策，保证工程质量，做到技术先进、安全可靠、经济合理，制定本规程。

1.0.2 本规程适用于混凝土工程中组合铝合金模板工程的设计、施工、检查与验收、维修、保管和运输。

1.0.3 组合铝合金模板工程除应符合本技术规程外，尚应符合国家现行有关标准的规定。

2 术语和符号

2.1 术 语

2.1.1 铝合金模板 aluminum alloy formwork

以铝合金型材为主要材料，经过机械加工和焊接等工艺制成的一种适用于混凝土工程的模板。

2.1.2 组合铝合金模板 composite aluminum alloy formwork

由铝合金模板、支撑系统及配件组成的模板体系。

2.1.3 对拉螺栓体系 tie rod structure

组合铝合金模板中模板采用对拉螺栓、背楞和斜撑进行加固和调平，安装时对拉螺栓穿过开孔模板和背楞，并用螺母锁紧。

2.1.4 拉片体系 flat tie bar structure

组合铝合金模板中模板采用拉片、小斜撑进行加固，安装时用定长开孔拉片穿过两片相邻模板边肋，并用销钉、销片锁紧。

2.1.5 平面模板 flat formwork

用于混凝土结构平面处的模板。

2.1.6 转角模板 corner formwork

用于混凝土结构转角处的模板，包括阴角模板和阳角模板。

2.1.7 承接模板 kicker formwork

用于承接上下层外墙、柱及电梯井道模板的平面模板，简称“K”板。

2.1.8 标准板 standard formwork

满足通用拼装要求，按统一标准的规格尺寸制成的模板。

2.1.9 非标准板 nonstandard formwork

局部规格尺寸或拼接要素不满足通用要求，只需简单修改即可通用的模板。

2.1.10 单支顶 single support

在早拆模板支撑系统中，位于独立支撑或其他支模架的顶端，先行拆除部分模板后剩下的模板部分。

2.1.11 铝梁 aluminum beam

独立支撑之间或独立支撑与模板之间的连系梁，是水平模板实现早拆的组成部分，统称"龙骨"。

2.1.12 可调独立钢支撑 post shore

一种可伸缩调节、相互之间无水平杆连接的单根支撑，承受建筑物水平结构自重、模板系统自重和施工荷载，独立支撑顶部的单支顶同铝梁或铝模板连接。

2.1.13 早拆模板支撑系统 early stripping formwork supporting system

在独立支撑或其他支模架的顶端，利用单支顶的特殊构造，在确保建筑结构安全的前提下，先行拆除部分模板的一种支撑系统。

2.1.14 对拉螺栓（拉片） tie rod/flat tie bar

连接混凝土构件两侧模板并承受新浇混凝土及施工侧压力的专用构件。

2.2 符 号

2.2.1 作用和作用效应

F_s——新浇混凝土作用于模板上的侧压力设计值；

M——弯矩设计值；

N——轴向荷载设计值；

N_t^b——轴向受拉承载力设计值；

ω_k——风荷载标准值；

σ——正应力。

2.2.2 材料力学性能

E_a——铝合金弹性模量；

E_s——钢材弹性模量；

G_a——铝合金剪变模量；

G_s——钢材剪变模量；

f_a——铝合金材料的抗拉、抗压和抗弯强度设计值；

f_s——钢材的抗拉、抗压和抗弯强度设计值；

f_{va}——铝合金的抗剪强度设计值；

f_{vs}——钢材的抗剪强度设计值；

ν_a——泊松比；

α_a——线膨胀系数；

γ_a——铝合金材料的质量密度；

γ_s——钢材的质量密度；

τ——剪应力。

3 基本规定

3.0.1 组合铝合金模板应有足够的强度、刚度、稳定性，并应保证其成品拼缝严密、装卸简便、搬运方便。

3.0.2 组合铝合金模板应采用模数制设计，可分为标准模板和非标准模板。其模数应与现行国家标准《建筑模数协调标准》GB/T50002 相协调。

3.0.3 组合铝合金模板的设计与制作应符合现行国家标准《混凝土结构设计规范》GB50010 和《钢结构设计规范》GB50017 的有关规定。

3.0.4 组合铝合金模板施工应符合国家现行标准《混凝土结构工程施工规范》GB50666 和《建筑施工模板安全技术规范》JGJ162 的规定。

3.0.5 模板和配件拆除后，应及时进行清理和修复，并妥善保存。

4 材 料

4.1 铝合金材料

4.1.1 铝合金材料的牌号所对应的化学成分应符合现行国家标准《变形铝及铝合金化学成分》GB/T3190 的有关规定。

4.1.2 组合铝合金模板所采用的挤压铝合金型材宜采用现行国家标准《一般工业用铝及铝合金挤压型材》GB/T6892 中的 AL6061－T6 或 AL6082－T6 的铝合金。

4.1.3 组合铝合金模板与混凝土接触面宜采取防腐绝缘措施,防止混凝土与铝合金模板发生化学反应。

4.1.4 铝合金型材表面应清洁、无裂纹或腐蚀斑点,进场验收主控指标应符合表 4.1.4 的规定。

表 4.1.4 铝合金型材进场验收主控指标

序号	内容	控制标准
1	硬度(韦氏)	韦氏硬度≥15
2	壁厚	主受力面在公称壁厚 ±0.25 mm 范围内
3	主受力面宽度	主受力面型材宽度不大于公称尺寸的 99.8%
4	外观缺陷	无裂纹、腐蚀斑点;机械损伤深度不大于 0.25 mm,面积不超过型材表面积的 2%
5	垂平度	型材平整度不超过 2 mm,垂直度不超过总长的 3.5‰

4.1.5 铝合金材料的物理性能指标应按表 4.1.5 采用。

表 4.1.5 铝合金材料的物理性能指标

弹性模量 E_a (N/mm^2)	泊松比 ν_a	剪变模量 G_a (N/mm^2)	线膨胀系数 α_a (/℃)	质量密度 γ_a (kg/m^3)
70×10^3	0.3	27×10^3	23×10^{-6}	2 700

4.1.6 铝合金材料的强度设计值应按表 4.1.6 采用。

表 4.1.6 铝合金材料的强度设计值 (单位:N/mm^2)

铝合金材料		用于构件计算		用于焊接连接计算	
牌号	状态	抗拉、抗压和抗弯 f_a	抗剪 f_{va}	焊件热影响区抗拉、抗压和抗弯 $f_{u,haz}$	焊件热影响区抗剪 $f_{v,haz}$
6061	T6	200	115	100	60
6082	T6	230	120	100	60

4.2 钢 材

4.2.1 铝合金模板体系中的销钉、背楞、销片、可调钢支撑、花篮螺栓、钢丝绳等钢材应符合现行国家标准《碳素结构钢》GB/T700、《低合金高强度结构钢》GB/T1591 和《一般用途钢丝绳》GB/T20118 的规定,其物理性能指标及材料强度设计值应符合表 4.2.1-1 和 4.2.1-2 的规定;对拉螺栓应采用粗牙螺纹,其规格和轴向受拉承载力设计值可按表 4.2.1-3 采用。

表 4.2.1-1 钢材的物理性能指标

弹性模量 E_s (N/mm^2)	剪变模量 G_s (N/mm^2)	线膨胀系数 α_a (/℃)	质量密度 γ_s (kg/m^3)
206×10^3	79×10^3	12×10^{-6}	7 850

表 4.2.1-2　钢材的强度设计值　　（单位：N/mm^2）

钢材牌号	厚度或直径（mm）	抗拉、抗压、抗弯 f_s	抗剪 f_{vs}
Q235	≤16	215	125
	>16～40	205	120
	>40～60	200	115
Q345	≤16	310	180
	>16～35	295	170
	>35～50	265	155

表 4.2.1-3　对拉螺栓规格及轴向受拉承载力设计值 N_t^b

螺栓规格	螺栓外径（mm）	螺栓内径（mm）	净截面面积 A_n（mm^2）	重量（N/m）	轴向受拉承载力设计值 N_t^b（kN）
Φ18	17.75	14.6	167.4	16.1	28.1
Φ22	21.60	18.4	265.90	24.6	43.6
Φ27	26.90	23.0	415.5	38.4	68.1

4.2.2　焊接钢管应符合现行国家标准《直缝电焊钢管》GB/T13793 或《低压流体输送用焊接钢管》GB/T3091 中规定的 Q235、Q345 普通钢管的要求，并应符合现行国家标准《碳素结构钢》GB/T700 中 Q235A 级钢的规定。不得使用严重锈蚀、弯曲、压扁及裂纹的钢管。

4.2.3　钢支撑、背楞、斜撑、小斜撑等钢配件，表面应进行防腐处理。

4.3 其他材料

4.3.1 铝合金模板焊接用焊丝应符合现行国家标准《铝及铝合金焊丝》GB10858 的规定,牌号应与母材成分相匹配。焊接工艺可采用熔化极惰性气体保护电弧焊(MIG 焊)和钨极惰性气体保护电弧焊(TIG 焊),其中 TIG 焊适用于厚度小于或等于 6 mm 构件的焊接。

4.3.2 钢材之间进行焊接时,焊条应符合现行国家标准《碳钢焊条》GB/T5117 的规定。

4.3.3 脱模剂宜采用水性脱模剂,并应符合现行行业标准《混凝土制品用脱模剂》JC/T949 的规定。

5 设 计

5.1 一般规定

5.1.1 模板工程施工前，应根据结构施工图、施工总平面图及施工设备和材料供应等现场条件，编制模板工程施工设计，其应包括以下内容：

1 根据项目建筑、结构、安装等图纸，绘制模板施工现浇混凝土结构平面图、剖面图及各部位节点详图。

2 根据模板施工现浇混凝土结构平面图，绘制配板设计图、连接件和支撑系统布置图、细部结构和异型模板详图及特殊部位详图。

3 根据结构构造形式和施工条件确定模板荷载，应对模板和支撑系统进行设计计算。

4 编制铝模板与配件的规格、品种与数量明细表。

5 制订铝模板及配件的周转使用方式与计划。

5.1.2 组合铝合金模板的设计应采用以概率理论为基础的极限状态设计方法，并应采用分项系数的设计表达式进行设计计算。

5.1.3 模板工程中钢构件的设计截面塑性发展系数应取1.0，受压钢构件长细比不宜大于180，受拉钢构件长细比不宜大于350。

5.2 荷载及荷载效应组合

5.2.1 作用于铝合金模板上的荷载可分为永久荷载和可变荷载，具体如下：

1 永久荷载包括模板及支撑自重、新浇混凝土及钢筋自重；

2　可变荷载包括施工人员及施工设备荷载、振捣混凝土时产生的荷载、倾倒混凝土产生的荷载、泵送混凝土或不均匀堆载等因素产生的附加水平荷载及风荷载。

5.2.2　永久荷载标准值应符合下列规定：

1　铝合金模板及支架自重标准值（G_{1k}）应根据设计方案计算确定。

2　新浇筑混凝土自重标准值（G_{2k}），对普通混凝土可采用 24 kN/m^3，其他混凝土可根据实际重力密度确定。

3　钢筋自重标准值（G_{3k}）应根据工程设计图确定。对一般梁板结构每立方米钢筋混凝土的钢筋自重标准值：楼板可取 1.1 kN/m^3，梁可取 1.5 kN/m^3。

4　新浇筑的混凝土作用于铝合金模板的最大侧压力标准值（G_{4k}），当采用内部振捣器，且浇筑速度不大于 6 m/h、混凝土坍落度不大于 150 mm 时，侧压力的标准值 G_{4k} 可按照《建筑施工模板安全技术规范》JGJ162 中规定相关公式分别计算，并取其中的较小值。

5.2.3　可变荷载标准值应符合下列规定：

1　施工人员及施工设备荷载标准值（Q_{1k}）应按实际情况计算，且不应小于 3.0 kN/m^2。

2　振捣混凝土时产生的荷载标准值（Q_{2k}），对水平面模板可取 2 kN/m^2，对垂直面模板可取 4 kN/m^2，且作用范围在新浇筑混凝土侧压力的有效压头高度内。

3　倾倒混凝土产生的水平荷载标准值（Q_{3k}）可按表 5.2.3 采用，其作用范围为新浇筑混凝土侧压力的有效压头高度 h 之内。

4　泵送混凝土或不均匀堆载等因素产生的附加水平荷载标准值（Q_{4k}），可取计算工况下竖向永久荷载标准值的 2%，并应作用在模板支撑上端水平方向。

表 5.2.3 倾倒混凝土时产生的水平荷载标准值 （单位：kN/m^2）

下料方式	水平荷载
溜槽、串筒或导管	2
容量小于 0.2 m^3 的运输器具	2
容量为 0.2～0.8 m^3 的运输器具	4
容量大于 0.8 m^3 的运输器具	6

5 风荷载标准值(ω_k)，应按下式计算：

$$\omega_k = \beta_z \mu_s \mu_z \omega_{10} \tag{5.2.3}$$

式中 ω_k——风荷载标准值，kN/m^2；

β_z——高度 z 处的风振系数，取 1.0；

μ_s——风荷载体型系数，模板迎风面取 0.8，背风面取 −0.5；

ω_{10}——10 年一遇基本风压，郑州市、新乡市、孟津、许昌市、开封市地区取 0.3 kN/m^2，安阳市、三门峡市、洛阳市、西峡、南阳市、宝丰、西华、驻马店市、信阳市地区取 0.25 kN/m^2，其他地区取 0.20 kN/m^2。

5.2.4 荷载设计值的分项系数应按下列规定采用：

1 永久荷载的分项系数：

1）当永久荷载效应对结构不利时，对由可变荷载效应控制的组合应取 1.2，对由永久荷载效应控制的组合应取 1.35；

2）当永久荷载效应对结构有利时，不应大于 1.0。

2 可变荷载的分项系数：

1）一般情况应取 1.4；

2）当活荷载标准值大于 4 kN/m^{2}时，应取 1.3。

5.2.5 铝合金模板及其支架设计计算应根据施工过程中可能同时出现的荷载，按承载能力极限状态和正常使用极限状态分别进行荷载组合，并应取各自的最不利组合进行设计，荷载效应组合应按表5.2.4确定。

表5.2.4　模板及其支架设计计算的荷载效应组合

<table>
<tr><td colspan="2" rowspan="2">计算项目</td><td colspan="2">荷载效应组合</td></tr>
<tr><td>计算承载能力</td><td>验算变形</td></tr>
<tr><td rowspan="3">铝合金模板</td><td>底模板</td><td>$G_{1k}+G_{2k}+G_{3k}+Q_{1k}$</td><td>$G_{1k}+G_{2k}+G_{3k}$</td></tr>
<tr><td rowspan="2">侧模板</td><td>$G_{4k}+Q_{2k}$</td><td rowspan="2">G_{4k}</td></tr>
<tr><td>$G_{4k}+Q_{3k}$</td></tr>
<tr><td rowspan="5">支架</td><td>支架水平杆及节点</td><td>$G_{1k}+G_{2k}+G_{3k}+Q_{1k}$</td><td>$G_{1k}+G_{2k}+G_{3k}$</td></tr>
<tr><td>支架立杆与地基</td><td>$G_{1k}+G_{2k}+G_{3k}+Q_{1k}+\omega_k$</td><td>$G_{1k}+G_{2k}+G_{3k}+Q_{1k}$</td></tr>
<tr><td>地基</td><td>$G_{1k}+G_{2k}+G_{3k}+Q_{1k}+\omega_k$</td><td>—</td></tr>
<tr><td rowspan="2">支架结构整体稳定</td><td>$G_{1k}+G_{2k}+G_{3k}+Q_{1k}+Q_{4k}$</td><td rowspan="2">—</td></tr>
<tr><td>$G_{1k}+G_{2k}+G_{3k}+Q_{1k}+\omega_k$</td></tr>
</table>

注：表中的“+”仅表示各项荷载参与组合，而不是代数相加；计算承载能力应采用荷载设计值；验算变形应采用荷载标准值。

5.2.6　荷载效应组合中，当多个活荷载参与组合，且有风荷载参与时，参与组合的活荷载设计值均应乘以0.9。

5.3　变形容许值

5.3.1　当验算铝合金模板及其支撑的刚度时，其最大变形不得超过下列容许值：

1　单块铝合金模板的容许变形为计算跨度的1/400且不大于1.5 mm。

2　可调钢支撑的压缩变形值限值，为相应的计算高度的1/1 000。

3　普通清水混凝土模板的累计变形值限值不宜超过3 mm。

4　对结构表面隐蔽的模板，其挠度限值宜取为模板构件计算跨度的1/250。

5.3.2　对于铝合金模板配件的最大计算变形值，应符合下列规定：

1　背楞挠度不应大于相应模板计算跨度的1/500。

2　柱箍挠度不应大于相应柱宽的1/500。

5.4　模板及其支架构件计算

5.4.1　平面模板的强度和变形验算应符合下列规定：

1　模板的抗弯强度应按下式计算：

$$\sigma = \frac{M_{max}}{W_a} \leqslant f_a \quad (5.4.1\text{-}1)$$

式中　σ——模板正应力，计算时荷载取基本组合值；

f_a——铝合金抗弯强度设计值，应按相关规范采用；

M_{max}——最不利弯矩设计值，按荷载基本组合计算，N·mm；

W_a——模板截面抵抗矩，mm^3；

2　模板的挠度应按下式进行验算：

$$\nu = \frac{5q_{gk}L^4}{384E_aI_a} \leqslant [\nu] \quad (5.4.1\text{-}2)$$

式中　ν——模板挠度计算值，计算时荷载取标准组合值；

$[\nu]$——容许挠度，mm，按本规程第5.3节取值；

q_{gk}——均布线荷载标准值，N/mm；

E_a——铝合金材料的弹性模量，N/mm^2；

I_a——模板截面惯性矩，mm^4；

L——模板计算跨度，mm。

3　重复利用的模板，应考虑模板损耗按返修后的实际厚度计算。

4 焊缝应按现行国家标准《铝合金结构设计规范》GB50429 的相关规定进行验算。

5.4.2 楼板阴角模板(见图 5.4.2)计算,应按下式验算截面最大正应力。

$$\sigma = \frac{M_{max}}{W_a} \leqslant f_a \tag{5.4.2-1}$$

$$M = Pa \tag{5.4.2-2}$$

$$W_a = \frac{lt^2}{6} \tag{5.4.2-3}$$

式中 M——单位长度的弯矩设计值,N·mm;

P——楼板模板传来的荷载设计值,N;

W_a——模板截面抵抗矩,mm^3;

f_a——铝合金抗弯强度设计值,N/mm^2;

l——阴角模板的单位长度,可取 1 m;

t——阴角模板的截面厚度,mm;

a——阴角模板的宽度,mm。

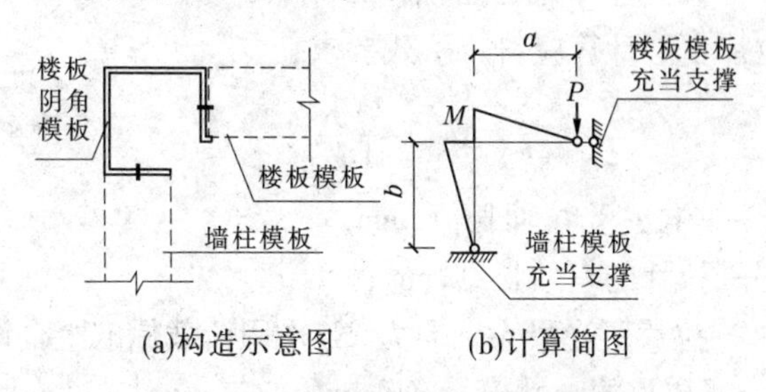

图 5.4.2 楼板阴角模板计算简图

5.4.3 支撑的计算和构造应符合现行行业标准《建筑施工模板安全技术规范》JGJ162 的有关规定。

5.4.4 当需要销钉传递剪力时,其抗剪承载力应取销钉抗剪承载力及孔壁的承压承载力的较小值。

5.4.5 当利用斜撑受力时,应按现行国家标准《钢结构设计规范》GB50017 对斜撑进行强度、刚度和稳定性验算;锚栓及其连接钢板应按现行国家标准《混凝土结构设计规范》GB50010 等进行承载力验算。

5.4.6 当采用拉片体系时,拉片的承载力和变形验算应符合下列规定:

1 拉片承载力验算应符合下式要求:

$$\sigma = \frac{abF_s}{A} \leqslant [\sigma] \tag{5.4.6-1}$$

式中 $[\sigma]$——拉片容许正应力,N/mm^2;

a——拉片的竖向间距,mm;

b——拉片的横向间距,mm;

F_s——新浇混凝土作用于模板上的侧压力设计值,N/mm^2,按现行国家标准《混凝土结构工程施工规范》GB50666 的相关规定计算。

A——拉片的净截面面积,mm^2。

2 拉片变形计算应符合下式要求:

$$\Delta l_t = \frac{N l_t}{A E_s} \tag{5.4.6-2}$$

式中 Δl_t——拉片受拉伸长值,mm;

l_t——拉片的有效长度,mm;

N——拉片所受最大轴向力,N,采用荷载标准组合设计值;

E_s——拉片的弹性模量,N/mm^2;

A——拉片的净截面面积,mm^2。

5.4.7 墙厚大于或等于 600 mm 时,对拉螺栓规格不应小于 ϕ22;墙厚小于 600 mm 时,对拉螺栓规格不宜小于 ϕ18。对拉螺栓的承载力验算,应符合下式规定:

$$N = abF_s \tag{5.4.7-1}$$

$$N_t^b > N \qquad (5.4.7\text{-}2)$$

式中 N——对拉螺栓最大轴力设计值，N；

N_t^b——对拉螺栓轴向受拉承载力设计值，N，常用对拉螺栓受拉承载力设计值可按本规程表4.2.1-3采用；

a——对拉螺栓横向间距，mm；

b——对拉螺栓竖向间距，mm；

F_s——新浇混凝土作用于模板上的侧压力设计值，N/mm²，应按现行国家标准《混凝土结构工程施工规范》GB50666的相关规定计算。

5.4.8 背楞可按简支梁模型进行承载力和刚度验算，并应符合下列规定：

1 抗弯强度应符合下列要求：

$$\sigma = \frac{M_{max}}{W_s} \leqslant f_s \qquad (5.4.8\text{-}1)$$

式中 M_{max}——最不利弯矩设计值，N·mm，按荷载基本组合计算；

W_s——背楞截面抵抗矩，mm³；

σ——背楞正应力，N/mm²，按荷载基本组合计算；

f_s——钢材抗弯强度设计值，N/mm²，应按现行国家标准《钢结构设计规范》GB50017取值。

2 抗剪强度应符合下式要求：

$$\tau = \frac{VS_0}{I_s\, t_w} \leqslant f_{vs} \qquad (5.4.8\text{-}2)$$

式中 V——计算截面沿腹板平面作用的剪力设计值，N；

S_0——计算剪应力处以上毛截面对中和轴的面积矩，mm³；

I_s——背楞毛截面惯性矩，mm⁴；

t_w——背楞腹板厚度，mm；

τ——背楞剪应力，N/mm²，按荷载基本组合计算；

f_{vs}——钢材抗剪强度设计值，N/mm^2，应按现行国家标准《钢结构设计规范》GB50017 取值。

3 变形应按公式 5.4.1-2 验算。

5.5 构造要求

5.5.1 配模应符合下列要求：

1 应根据配模面的形状、几何尺寸、轴线与标高及支撑系统绘制组合铝合金模板配模图及支撑结构的布置图，有特殊构造时应加以标明。

2 应根据工程特点选定一定长度和宽度规格的铝合金模板作为主板，其他规格应作相应补充。内墙柱模板根据建筑层高、板厚、施工工艺等要求，在竖向方向宜采用整块模板，确需拼接时，不宜超过一次，且应设置横向背楞。

3 组合铝合金模板应采用模数制设计，宽度模数宜以 50 mm 进级。

4 设置对拉螺栓时，宜采取减少在铝合金模板上钻孔的模板排列方式，应使钻孔后的模板能多次周转使用。

5.5.2 支撑系统构造应符合下列规定：

1 可调钢支撑除应符合设计要求外，尚应符合下列要求：

1)钢管壁厚不应小于 2.5 mm，插管直径不宜小于 48 mm，套管直径不宜小于 60 mm。

2)当层高大于 3 m 时，可调钢支撑应根据现场情况增设水平拉杆，且应满足支撑体系的稳定性。

3)早拆模板支撑系统的上下层竖向支撑的轴线偏差不应大于 15 mm，支撑立柱垂直度偏差不应大于层高的 1/300。

4)套管与插管重叠长度不应小于 300 mm。

5)套管和插管的直线度不应大于 1/1 000。

6）套管长度应大于可调钢支柱最大使用长度的1/2以上，插管外径与套管内径的间隙不宜大于3.0 mm；钢支撑最大长度时的上端最大摆幅不宜大于25 mm。

7）插销直径（d）不宜小于14 mm，销孔直径宜为（$d+1$）mm，销孔间中心距宜为120 mm，销孔宜机械加工，销孔对管径对称度应不大于1 mm，其允许偏差和孔壁表面粗糙度均应符合现行国家标准《钢结构工程施工质量验收规范》GB50205的要求。

8）调节螺母厚度不应小于40 mm，与调节螺纹的旋合长度不应小于5扣。

9）调节螺管的壁厚不应小于4 mm，螺纹长度不应小于150 mm，螺距宜为6 mm。

10）钢支撑上、下垫板厚度不应小于6 mm，底板尺寸不应小于120 mm×120 mm，当插管与单支顶直接插接时，插管上部应做加强处理。

11）焊缝应满焊，设计无要求时焊缝高度不小于2.5 mm，焊缝应饱满，不应存在表面气孔、夹渣、裂纹和电弧擦伤等缺陷。

12）可调独立支撑套数应满足混凝土强度拆除要求。

2 可调钢支撑的间距应符合设计要求，离墙、柱构件的距离不宜大于1 200 mm（见图5.5.2-1）。梁、板底独立钢支撑除满足承载力、稳定性及早龄期混凝土抗裂要求外，还应满足支撑间距不超过1 300 mm的要求。

3 斜撑应设置长度可调构件，以调整侧面模板垂直度。当斜撑承受模板传递的侧向荷载时，其荷载应可靠传递至施工层结构楼板。

4 背楞规格及其间距应根据荷载及材料力学性能计算确定，并符合下列构造要求：

1）最底部一道背楞距离地面不宜大于300 mm，内墙最上层一

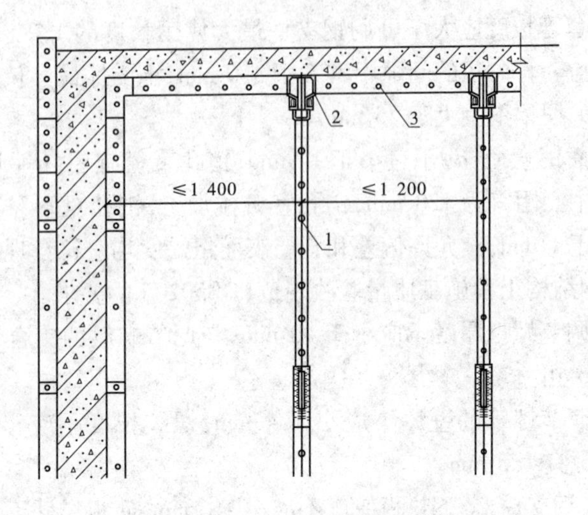

1—可调钢支撑;2—单支顶;3—模板

图 5.5.2-1　可调钢支柱间距示意图

道背楞离板顶不宜大于 1 100 mm;背楞竖向间距不宜大于 900 mm;背楞不宜接长使用,当接长使用时,相邻背楞间的接缝应错开 400 mm 以上,且背楞接头卡件长度不应小于 400 mm;背楞对拉螺栓(拉片)间距不宜大于 800 mm(600 mm)(见图 5.5.2-2)。

2)背楞悬挑部分应按其端部挠度不大于跨中挠度控制,且悬挑长度不宜大于 400 mm。

3)相邻转角背楞应做加强处理,阴角、阳角处背楞不宜断开,当阳角处背楞断开时应采用角码连接(见图 5.5.2-3)。

4)当梁高大于或等于 600 mm 或梁侧模沿高度方向拼接时,应在梁侧模处设置对拉螺栓(拉片),当梁高大于 800 mm 时,应加设背楞(见图 5.5.2-4)。

5)当梁与墙、柱齐平时,梁背楞宜与墙、柱背楞连为一体。

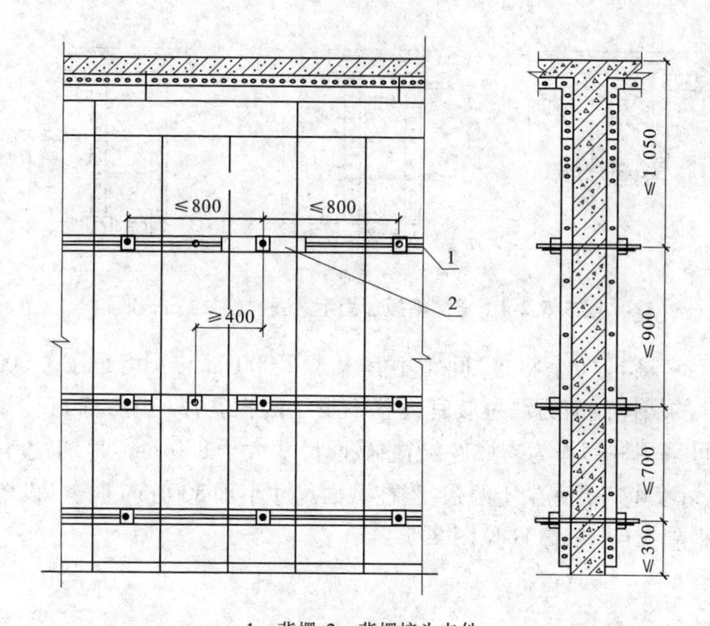

1—背楞;2—背楞接头卡件

图 5.5.2-2　背楞布置示意图　（单位:mm）

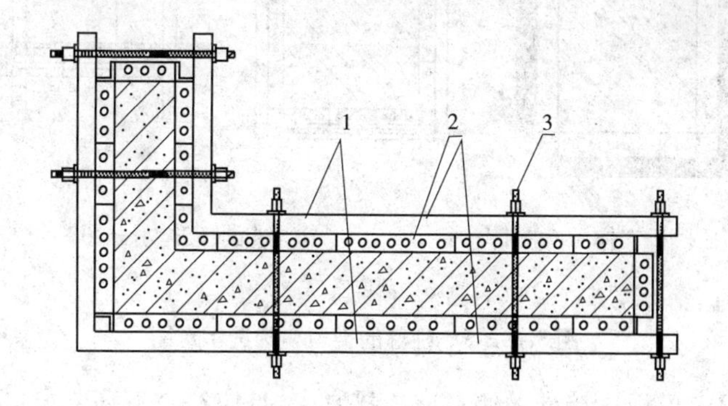

1—背楞;2—模板;3—对拉螺栓组

图 5.5.2-3　转角背楞示意图

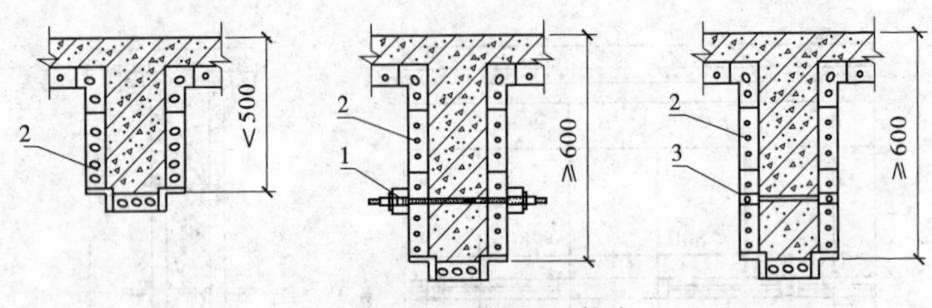

1—背楞;2—模板;3—拉片

图 5.5.2-4　梁侧模板加固示意图　（单位:mm）

5　斜撑(小斜撑)间距不宜大于 2 000 mm;长度小于 2 000 mm 的墙体或剪力墙短肢宜设置不少于两根斜撑(小斜撑);柱模板可采用柱箍作为支撑件,当柱截面尺寸大于 800 mm 时,单边斜撑(小斜撑)不宜少于两根,当柱截面尺寸小于 800 mm 时,可设置一根斜撑(小斜撑)(见图 5.5.2-5)。

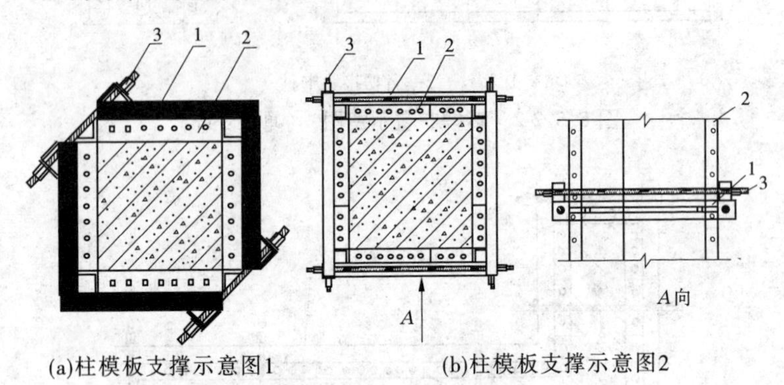

(a)柱模板支撑示意图1　　(b)柱模板支撑示意图2

1—柱箍;2—模板;3—对拉螺栓;

图 5.5.2 5　柱箍的类型和构造示意图

5.5.3　模板连接处的销钉应连接紧密,且应符合下列要求:

1　销钉间距不宜大于 300 mm。

2　销钉直接承受较大剪力及楼面模板与主梁、转角模板连接处,销钉间距不宜大于 150 mm。梁与墙、柱节点连接处销钉间距不宜大于 100 mm。

5.5.4 柱、梁、墙、板等各种面模板的交接部分,应采用构造简单、拆卸方便的构造(见图 5.5.4-1 ~ 图 5.5.4-9),并应满足下列要求:

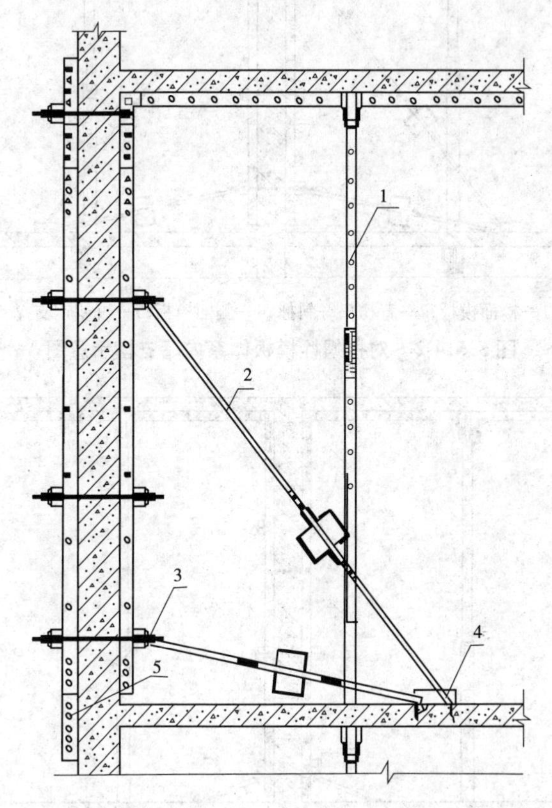

1—可调钢支撑;2—斜撑;3—连接码;4—连接耳片;5—承接模板

图 5.5.4-1 对拉螺栓模板体系外墙支模示意图

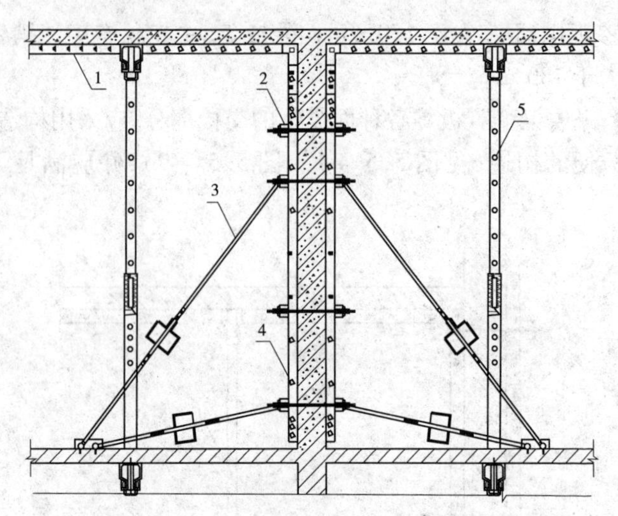

1—楼面模板;2—背楞;3—斜撑;4—侧面模板;5—可调钢支撑

图 5.5.4-2　对拉螺栓模板体系内墙支模示意图

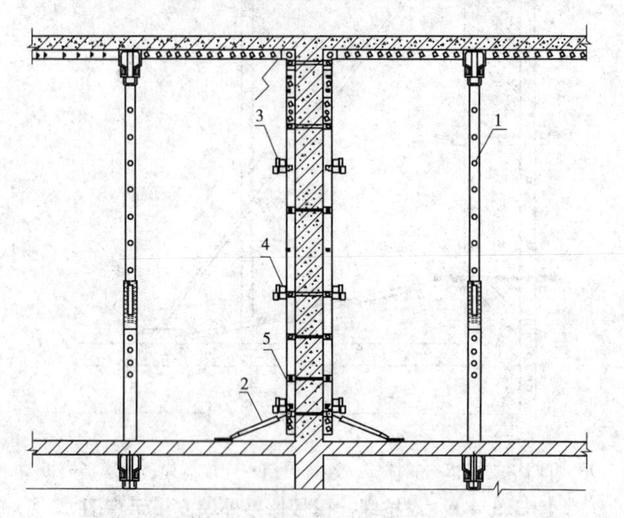

1—可调钢支撑;2—小斜撑;3—背楞卡扣;4—背楞;5—拉片

图 5.5.4-3　对拉片模板体系内墙支模示意图

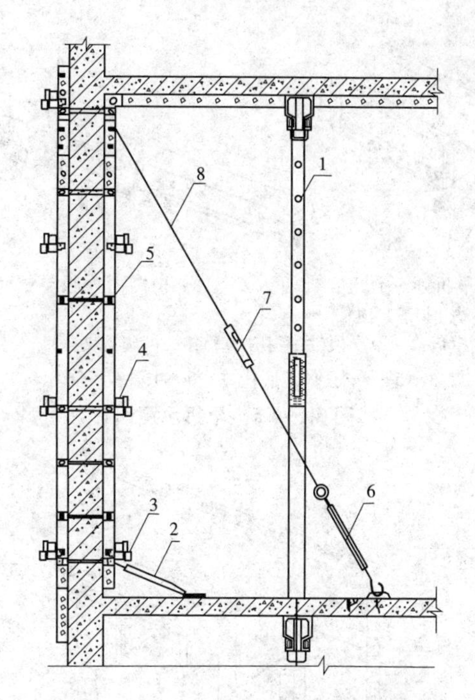

1—可调钢支撑;2—小斜撑;3—背楞卡扣;4—背楞;

5—拉片;6—花篮螺栓;7—调整钢片;8—钢丝绳

图 5.5.4-4 对拉片模板体系外墙支模示意图

1 楼面阴角模板应焊接为整体构件,相邻阴角模板间应用销钉连接牢固。

2 对拉螺栓体系中,墙体模板及梁模板内侧应设内撑,保证构件截面尺寸。

3 承接模板螺栓应便于固定与拆除。

4 楼梯模板及开洞、沉箱、悬挑等其他细部结构的模板应采取构造措施以保证其承载力、刚度和稳定性。

5 可调钢支撑、斜撑(小斜撑)下端应支撑在混凝土楼板上并采取措施防止支撑构件根部滑移。

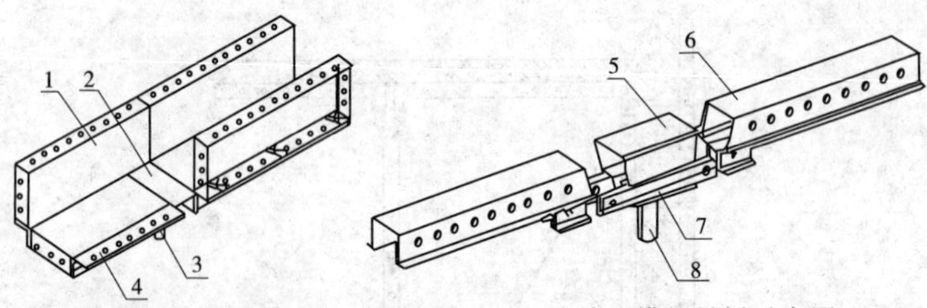

(a)梁模板早拆示意图
(200 mm正方形单支顶)

(b)楼面模板早拆示意图

1—梁侧模板;2—单支顶(梁底托撑);3,8—可调钢支撑;4—梁底模板;
5—单支顶(板底托撑);6—主梁;7—筋

图 5.5.4-5 早拆示意图

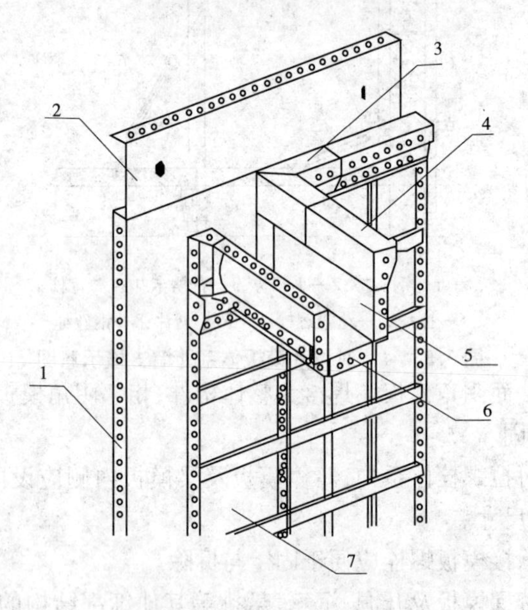

1—外墙柱模板;2—承接模板;3—阴角转角模板;
4—楼面阴角模板;5—梁侧模板;6—梁底模板;7—内墙柱模板

图 5.5.4-6 剪力墙与梁示意图

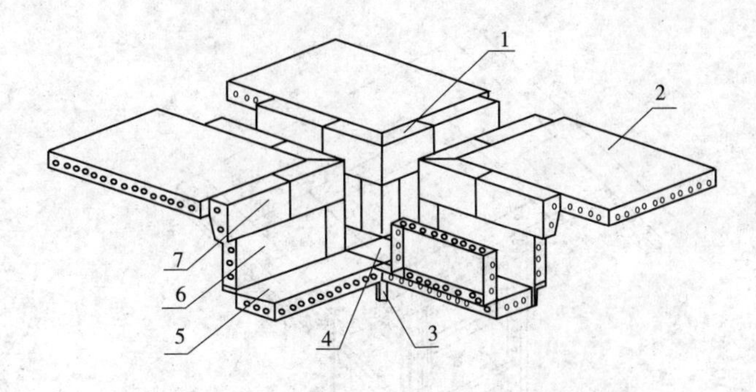

1—阴角转角模板;2—楼面模板;3—可调钢支柱;
4—梁底托撑;5—梁底模板;6—梁侧模板;7—楼面阴角模板

图 5.5.4-7　主次梁等高示意图

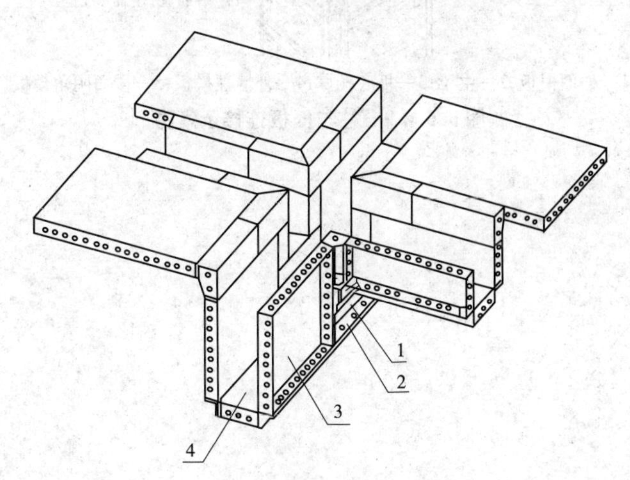

1—楼面阴角模板;2—通用模板;
3—梁侧模板;4—梁底模板

图 5.5.4-8　主次梁不等高示意图

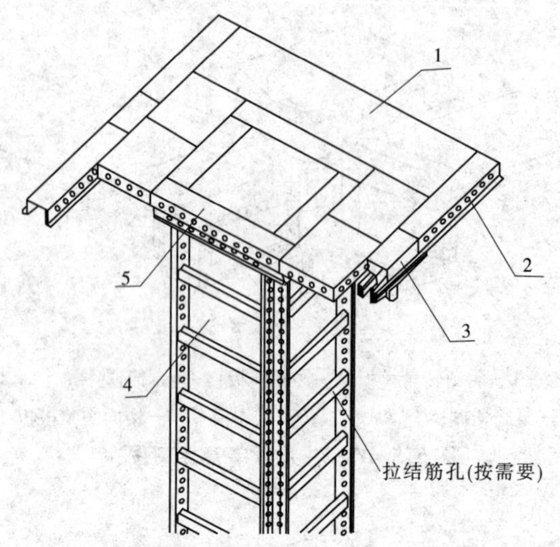

1—楼面模板;2—主梁;3—板底托撑;4—外墙柱模板;5—楼面阴角模板

图 5.5.4-9 柱与楼板连接示意图

6 施　工

6.1 一般规定

6.1.1 组合铝合金模板施工前应编制专项施工方案并按照程序审批后方可实施。

6.1.2 组合铝合金模板安装应进行测量放线，其位置应准确，并采取抗侧移、抗倾覆措施。

6.2 施工准备

6.2.1 组合铝合金模板安装前应向施工班组进行技术交底。作业人员应熟悉配模设计图及模板专项施工方案。

6.2.2 安装前应复核测量控制点、控制线，准备好脱模剂、胶杯胶管、千斤顶、锤子、小撬棍等附属材料。

6.2.3 模板的预组装应在组装平台或经平整处理过的场地上进行，并按表6.2.3的组装质量检验标准进行验收，合格后应予编号。

表6.2.3　铝合金模板预组装质量检验标准

项目	允许偏差(mm)
两块模板之间拼接缝隙	≤1.5
相邻模板面的高低差	≤1.5
组装模板板面平整度	≤3
组装模板板面的长宽尺寸	≤±5
组装模板两对角线长度差值	小于或等于对角线长度的1/1 000

6.2.4 经检查合格的模板，应按照安装部位和顺序合理打包和装车。

6.2.5 组合铝合金模板进场后，应根据装箱单检查进场模板编号、规格、数量及零配件的规格、数量。

6.2.6 对拉螺栓、拉片、销钉、销片等要入库保存，以防生锈；斜撑、小斜撑、可调钢支撑的调节丝杠应涂抹润滑油。

6.2.7 竖向模板的安装底面应标高准确、平整、坚实、干净，并采取可靠的定位措施。

6.3 安　装

6.3.1 现场安装组合铝合金模板时，应符合下列规定：

1 按配模图与施工说明顺序拼装，保证模板系统的整体稳定。

2 配件应安装牢固，支承面应平整、坚实，并有足够的受压面积，斜撑上端着力于钢背楞。

3 预埋件与预留孔洞必须位置准确，安设牢固。

4 模板安装前，与混凝土接触的表面应涂刷脱模剂。

5 组合铝合金模板拼装时，应先支设墙、柱模板，调整固定后再架设梁板模板和楼板模板。

6 安装模板时应进行测量放线，墙、柱模板的底面应找平，并有保证模板位置和平直度的措施。

7 楼板模板支模时，应先完成一个模板组合单元的支撑及斜撑安装，再逐渐向外扩展。

8 多层及高层建筑中，上下层对应的可调钢支撑应设置在同一竖向中心线上。

9 组合铝合金模板安装时，传料口不应留设在结构受力较大部位，其长度不应小于 B（最大模板宽度）+200 mm，宽度宜为 200 mm。

6.3.2 组合铝合金模板工程的构造与安装应符合下列规定:

1 墙两侧模板的对拉螺栓孔(拉片)应平直相对,穿插螺栓(拉片)时不应斜拉硬顶。钻孔应采用机具,严禁用电气焊灼孔;拉片应按照设计的拉片槽进行放置。

2 钢背楞宜取用整根杆件,采用拼接,接头应错开设置;采用搭接,搭接长度不应小于 200 mm;每道墙体的背楞设置不少于 3 道,首道背楞距离地面宜为 200 ~ 300 mm,同轴线背楞应通长设置。

3 连接模板的销钉、销片严禁漏放,销片需大头朝上,销片的垂直一侧贴在铝模上销紧。

6.3.3 组合铝合金模板安装起拱,预埋件和预留孔的允许偏差,预组装模板安装的允许偏差应按照现行国家标准《混凝土结构工程施工及验收规范》GB50204 的有关规定执行。

6.3.4 模板工程安装完毕,应经检查验收合格后,方可进行下道工序施工,混凝土的浇筑应按照现行国家标准《混凝土结构工程施工及验收规范》GB50204 的有关规定执行。

6.4 拆 除

6.4.1 现场拆除组合铝合金模板时,应符合下列规定:

1 拆模前应依据组合铝合金模板施工方案,确定拆模程序、拆模方法及安全措施。

2 应先拆除侧面模板,再拆除承重模板。

3 支承件和连接件应逐件拆卸,模板应逐块拆卸传递,拆除时不应损伤模板和混凝土,并不应扰动可调钢支撑。

4 拆除墙、柱模板时,应使用专用工具拆除,并避免对浇筑完成的混凝土面层造成损害。

5 对拉片拆除时应使用专用工具上下扭断,严禁左右扭断。

6 拆除的模板应及时清理表面混凝土,配件应分类堆放整齐。

6.4.2 设计对拆模时间无规定时，应在同条件养护试块的抗压强度达到表 6.4.2 的要求后，方可进行拆模。

表 6.4.2 底模拆除时混凝土强度的要求

构件类型	构件跨度(m)	达到设计的混凝土立方体抗压强度标准值的百分率(%)
板	≤2	≥50
	>2，≤8	≥75
	>8	≥100
梁、拱、壳	≤8	≥75
	>8	≥100
悬臂构件	—	≥100

6.5 施工安全

6.5.1 组合铝合金模板装拆和支架搭设、拆除前，应进行施工操作安全技术交底，并应有交底记录；安装、支架搭设完毕，应按规定组织验收，并经责任人签字确认。

6.5.2 高处作业应符合现行行业标准《建筑施工高处作业安全技术规范》JGJ80 的有关规定。

6.5.3 组合铝合金模板用于高层建筑施工时，当风速大于 10 m/s 时，应有抗风的临时加固措施，防止模板上浮。雷雨季节施工应有防湿滑、避雷措施。

6.5.4 组合铝合金模板装拆时，上下应有人接应，模板应随装拆随转运，不应堆放在脚手架上，严禁抛掷踩撞，若中途停歇，必须把活动部件固定牢靠。

6.5.5 安装墙、柱模板时，应随时支撑固定，防止倾覆；拆除承重模板时，为避免整块坍落，宜先设立临时支撑点，然后进行拆卸。

6.5.6 组合铝合金模板的预留孔洞、电梯井口等处，应加盖或设置防护栏，必要时应在洞口处设置安全网。

6.5.7 安装预组装成片模板时，应边就位、边校正和安设连接件，并加设临时支撑稳固。

7 检查与验收

7.0.1 浇筑混凝土前应对模板工程进行验收,并应按本规程附录A的要求填写质量验收记录表。

Ⅰ 主控项目

7.0.2 安装现浇结构的上层模板及其支架时,下层楼板应具有承受上层荷载的承载能力,或加设支架;上、下层支架的立柱应对准,并铺设垫板。

检查数量:全数检查。

检验方法:对照模板设计文件和施工技术方案观察。

7.0.3 在涂刷脱模剂时,不得沾污钢筋和混凝土接槎处。

检查数量:全数检查。

检验方法:观察。

7.0.4 应按照配模设计要求检查可调钢支撑等支架的规格、间距、垂直度、插销直径等。

检查数量:全数检查。

检验方法:对照模板支架设计图纸检查。

7.0.5 应按本规程5.5节对销钉、背楞、对拉螺栓、承接模板和斜撑的预埋螺栓等的数量、位置进行检查。

检查数量:全数检查。

检验方法:对照模板设计文件检查。

Ⅱ 一般项目

7.0.6 组合铝合金模板安装应符合下列规定:

1 组合铝合金模板的接缝应平整、严密,不应漏浆。

2 组合铝合金模板与混凝土的接触面应清理干净并涂刷脱模剂。

3 浇筑混凝土前,组合铝合金模板内的杂物应清理干净。

检查数量:全数检查。

检验方法:观察。

7.0.7 应按本规程第6.3.3条规定检查模板起拱情况。

检查数量:在同一检验批内,对梁,应抽查构件数量的10%,且不少于3件;对板,应按有代表性的自然间抽查10%,且不少于3间;对大空间结构,板可按纵、横轴线划分检查面,抽查10%,且不少于3面。

检验方法:水准仪或拉线、钢尺检查。

7.0.8 固定在模板上的预埋件、预留孔、预留洞的安装允许偏差应符合表7.0.8的规定。

表7.0.8 预埋件、预留孔、预留洞的安装允许偏差 (单位:mm)

<table>
<tr><th colspan="2">项目</th><th>允许偏差</th></tr>
<tr><td colspan="2">预埋管、预留孔中心线位置</td><td>3</td></tr>
<tr><td rowspan="2">预埋螺栓</td><td>中心线位置</td><td>2</td></tr>
<tr><td>外露长度</td><td>+10
0</td></tr>
<tr><td rowspan="2">预留洞</td><td>中心线位置</td><td>10</td></tr>
<tr><td>尺寸</td><td>+10
0</td></tr>
</table>

检查数量:在同一检验批内,对梁、柱,应抽查构件数量的10%,且不少于3件;对墙和板,应按有代表性的自然间抽查

10%，且不少于 3 间；对大空间结构，墙可按相邻轴线间高度 5 m 左右划分检查面，板可按纵横轴线划分检查面，抽查 10%，且均不少于 3 面。

检验方法：钢尺检查。

7.0.9 模板安装垂直度、平整度、轴线位置等允许偏差及检验方法需符合表 7.0.9 的要求，清水混凝土模板尚应符合现行行业标准《清水混凝土应用技术规程》JGJ169 的有关规定。早拆模板支撑系统的支撑偏差应符合本规程 5.5.2 条的规定。

表 7.0.9 模板安装的允许偏差及检验方法

项目		允许偏差（mm）	检验方法
模板垂直度		5	水准仪或吊线、钢尺检查
梁侧、墙、柱模板平整度		3	水准仪或吊线、钢尺检查
墙、柱、梁模板轴线位置		3	水准仪或钢尺检查
底模上表面标高		±5	水准仪或拉线、钢尺检查
截面内部尺寸	柱、墙、梁	+4 −5	钢尺检查
单跨楼板模板的长宽尺寸累计误差		±5	水准仪或钢尺检查
相邻模板表面高低差		1.5	钢尺检查
梁底模板、楼板模板表面平整度		3	水准仪或 2 m 靠尺、塞尺检查
相邻模板拼接缝隙宽度		≤1.5	塞尺检查

检查数量：在同一检验批内，抽查构件数量不少于 10%，且不少于 3 件（面）。

检验方法：水准仪或吊线、钢尺检查。

8 维修、保管与运输

8.1 维修与保管

8.1.1 模板构件拆除后，应及时清除黏结砂浆、杂物、脱模剂。对变形、损坏的模板及配件，应及时整形和修补，修复后的模板应符合表 8.1.1 的规定。

表 8.1.1 模板修复后质量标准

项目		要求尺寸(mm)	允许偏差(mm)
外形尺寸	长度	L	0 -1.50
	宽度	≤350	0 -0.80
		>350~600	0 -1.20
	对角线差	≤1 500	1.00
		>1 500	1.50
	面板厚度	—	-0.35
	边框及端肋高度	65	±0.40
销孔	相邻孔中心距	—	±0.50
	孔中心与板面间距	40	±0.50
	孔直径	16.50	+0.50 0
端肋与边框的垂直度		90°	-0.40°

续表 8.1.1

项目	要求尺寸(mm)	允许偏差(mm)
端肋组装位移	—	-0.60
凸棱直线度	—	0.50
板面平面度	任意方向	1.0
焊缝	焊缝尺寸按设计要求,焊缝质量符合现行国家标准《铝及铝合金的弧焊接头 缺欠质量分级指南》GB/T22087 中 D 级焊缝质量要求	
阴角模板垂直度	90°	0 -0.30°
连接角模垂直度	90°	0 -1.00°

8.1.2 对暂不使用的模板应按规格分类存放。

8.1.3 模板宜存放在室内或敞棚内,模板的底面应垫离地面 100 mm 以上。露天堆放时,地面应平整、坚实、有排水措施,模板底面应垫离地面 200 mm 以上,应至少有两个支点,且支点间距不宜大于 800 mm、离模板两端的距离不宜大于 200 mm,露天堆放的总高度不宜大于 2 000 mm,且应有可靠的防倾覆措施。

8.2 运 输

8.2.1 模板运输时,应有防止模板滑动的措施。

8.2.2 短途运输时,模板可采用散装运输;长途运输时,模板应用简易集装。

8.2.3 预组装模板运输时,可根据预组装模板的结构、规格尺寸和运输条件等,采取分层平放运输或分格竖直运输,并应分隔垫实。

附录A 各分项工程检验批质量验收记录

A.0.1 组合铝合金模板安装工程检验批质量验收记录见表A.0.1。

附表A.0.1 组合铝合金模板安装工程检验批质量验收记录表

单位(子单位)工程名称				
分项工程名称			验收部位	
总承包施工单位			项目负责人	
专业承包施工单位			项目负责人	
施工执行标准名称及编号				
本规程第6章的规定			施工单位检查评定记录	监理(建设)单位验收记录
主控项目	1	安装现浇结构的上层模板及其支架时，下层楼板应具有承受上层荷载的承载力，或加设支架；上、下层支架的立柱应对准，并铺设垫板		
主控项目	2	涂刷脱模剂时，不得沾污钢筋和混凝土接槎处		
主控项目	3	可调钢支撑等支架的规格、间距、垂直度、插销直径等是否符合要求		
主控项目	4	销钉、背楞、对拉螺栓、定位撑条、承接模板和斜撑的预埋螺栓等的数量、位置是否符合要求		
一般项目	1	模板安装的拼缝应平整、严密、不应漏浆		
一般项目	2	模板与混凝土的接触面应清理干净并涂刷脱模剂		
一般项目	3	浇筑混凝土前，模板内的杂物应清理干净		

续附表 A.0.1

		本规程第6章的规定				施工单位检查评定记录	监理(建设)单位验收记录
一般项目	4	模板起拱高度			当设计有要求时按照设计要求,当设计无要求时按跨度的1‰～3‰		
	5	预埋件、预留孔、预留洞偏差	预埋管、预留孔中心线位置		3 mm		
			预埋螺栓	中心线位置	2 mm		
				尺寸	+10 mm,0		
			预留洞	中心线位置	10 mm		
				尺寸	+10 mm,0		
	6	模板安装允许偏差	模板垂直度		5 mm		
			梁侧、墙、柱模板平整度		3 mm		
			墙、柱、梁模板轴线位置		3 mm		
			截面内部尺寸	柱、墙、梁	+4 mm, -5 mm		
			单跨楼板模板的长宽尺寸累计误差		±5 mm		
			相邻模板表面高低差		1.5 mm		
			相邻模板拼接缝隙宽度		≤1.5 mm		
	7	早拆模板支撑允许偏差	支撑立杆垂直度		小于或等于层高的1/300		
			支撑立杆定位偏差		≤15 mm		
施工单位检查评定结果		专业工长(施工员)				施工班组长	
		项目专业质量检查员					年　月　日
监理(建设)单位验收结论		专业监理工程师: (建设单位项目技术负责人)					年　月　日

注:本表由专业质检员填写,施工单位保存。

本规程用词说明

1 为了便于在执行本规程条文时区别对待,对要求严格程度不同的用词说明如下:

1)表示很严格,非这样做不可的:

正面词采用"必须",反面词采用"严禁"。

2)表示严格,在正常情况下均应这样做的:

正面词采用"应",反面词采用"不应"或"不得"。

3)表示允许稍有选择,在条件许可时首先应这样做的:

正面词采用"宜",反面词采用"不宜"。

4)表示有选择,在一定条件下可以这样做的,采用"可"。

2 条文中指明应按其他有关标准执行的写法为:"应符合……的规定"或"应按……执行"。

引用标准名录

1 《碳素结构钢》GB/T700
2 《低合金高强度结构钢》GB/T1591
3 《低压流体输送用焊接钢管》GB/T3091
4 《变形铝及铝合金化学成分》GB/T3190
5 《碳钢焊条》GB/T5117
6 《一般工业用铝和铝合金挤压型材》GB/T6892
7 《铝及铝合金焊丝》GB10858
8 《铝及铝合金焊丝》GB10858
9 《直缝电焊钢管》GB/T13793
10 《一般用途钢丝绳》GB/T20118
11 《铝及铝合金的弧焊接头 缺欠质量分级指南》GB/T22087
12 《建筑模数协调标准》GB/T50002
13 《建筑结构荷载规范》GB50009
14 《混凝土结构设计规范》GB50010
15 《钢结构设计规范》GB50017
16 《混凝土结构工程施工及验收规范》GB50204
17 《钢结构工程施工质量验收规范》GB50205
18 《铝合金结构设计规范》GB50429
19 《混凝土结构工程施工规范》GB50666
20 《建筑施工高处作业安全技术规范》JGJ80
21 《建筑施工模板安全技术规范》JGJ162
22 《清水混凝土应用技术规程》JGJ169
23 《混凝土制品用脱模剂》JC/T949

河南省工程建设标准

组合铝合金模板应用技术规程

DBJ41/T191－2018

条　文　说　明

目　次

1 总 则

1.0.1 混凝土施工用模板材料的选用，总体原则是采用资源可再生的材料，减轻模板自重，降低作业工人的劳动强度，减少建筑垃圾。铝合金自身优越的品质使其成为理想的模板材料之一，将大规格、高强度铝合金挤压型材应用于组合铝合金模板，对改革施工工艺、促进技术进步、提高工程质量、降低工程全寿命周期费用等都有较大作用，也符合模板体系向轻质、高强、耐用与工具化发展的趋势，因而在国内外得到了广泛的应用。为了大力推广新型材料与技术，促进模板工程施工专业化，切实加强产品质量监督和管理，特制定本规程。

1.0.2 组合铝合金模板为装配式铝合金结构，铝合金模板之间以销钉组连接，并通过支撑系统形成具有一定稳定性和刚度的整体“框架”系统，且一般采用早拆技术以进一步加快施工进度，提高模板周转率，降低综合成本。一般情况下，支撑高度不超过3 m时可选择独立可调钢支柱作为支架；支撑高度超过3 m或施工荷载有特殊要求时，应进行专门的分析，采用可靠的支撑体系。组合铝合金模板必须做好施工设计，加强施工管理，同时充分考虑其尺寸适用范围，以及加工工艺等问题。此外，也要防止使用过程中出现超载现象，避免发生质量和安全事故。

2 术语和符号

2.1 术 语

2.1.14 拉片

一种有效长度同混凝土构件厚度,通过连接混凝土构件两侧模板封边承受新浇混凝土及施工侧压力的专用构件。

3 基本规定

3.0.1 为保证建筑工程施工现场施工质量及安全，组合铝合金模板型材及成品均应具有足够的强度、刚度，且组合铝合金模板拼装完成后应具有足够的稳定性；强度、刚度和稳定性是永久结构及临时结构设计的基本保证条件。模板及其支撑系统不仅关系着工程质量，而且直接影响着施工人员的生命安全。因此，必须对铝合金模板体系的各个构件、配件进行强度、刚度和整体稳定性计算。

3.0.2 由于组合铝合金模板加工采用工业铝合金型材成品，故在进行组合铝合金模板设计时铝合金模板基本模数的数值应为50 mm，模数变化尺寸宜为基本模数的倍数。

3.0.5 对于使用后的模板宜经过相应的机械整形及清理，根据具体的情况进行补焊修改。

4 材 料

4.1 铝合金材料

4.1.2 通过对各种铝合金型材性能比较分析，AL6061－T6 和 AL6082－T6 同属于以镁和硅为主要合金元素并以 Mg_2Si 相为强化相的铝合金，该类材料具有较高的强度、刚度及良好的抗腐蚀性能和可成型性、可焊接性、可机加工性及氧化效果较好等特点，适合选用做模板材料。

4.1.3 铝合金材料同其他材料连接、接触及紧固时，由于铝合金中铝成分特性易导致与其他材料发生电化腐蚀等化学反应，对与混凝土、木材、纤维板等容易吸水和渗水的材料接触的铝合金模板进行表面防腐绝缘处理尤为必要，因此可采用阳极氧化、液体有机涂层、粉末涂层等工艺作为绝缘屏障，保护结合表面不受腐蚀，涂层的有关测试标准和质量检验应按相关标准执行。

铝合金模板应按照表面处理→表面打磨→表面清理→防腐油漆滚涂→防腐油漆固化→验收流程进行防腐处理。

1 表面处理：先将铝模板表面的浮土、灰浆、油渍、焊渣等清扫干净。

2 表面打磨：将铝模板通过机械打磨机，使其表面的氧化膜和附着物打磨干净，以增强铝模板与防腐油漆的附着力。

3 表面清理：将打磨后表面残留的金属粉末擦拭干净。

4 防腐油漆滚涂：将铝模板专用防腐油漆均匀滚涂于铝模板表面。

5 防腐油漆固化：防腐油漆滚涂后应立即进行油漆固化，确保滚涂后不流淌、不显擦痕，色泽一致、表面光滑。

6 验收：工序完工后应立即仔细检查一遍，如发现有漏涂、流坠、透底等毛病，应及时修整。

4.1.5～4.1.6 铝合金模板物理性能和力学性能参考了现行国家标准《一般工业用铝及铝合金挤压型材》GB/T6892 和《铝合金结构设计规范》GB50429 中取值。

4.2 钢 材

4.2.2 低合金钢管在物理性能和力学性能上均明显优于普通碳管，发达国家的模板脚手架钢管材质普遍采用 Q345，目前国内许多企业也已采用 Q345 钢管，因此在本规程中予以优先采用。

4.3 其他材料

4.3.3 铝合金中铝成分是一种较活跃金属，易与外界的酸碱发生化学反应，组合铝合金模板在完成拼装后形成一个整体，浇筑混凝土过程中模板与混凝土易发生化学反应，为保证铝合金模板拆模后混凝土成型质量及观感、减少铝合金模板表面硬度及耐磨损性缺陷以延长其使用寿命，组合铝合金模板使用过程中应涂刷脱模剂；根据现场工程实践经验，前三层组合铝合金模板使用过程中宜使用油性脱模剂，之后考虑施工成本可使用水性脱膜剂。

5 设 计

5.1 一般规定

5.1.1 本条提出了在设计文件中应注明的内容。

5.1.2 本规程采用以概率理论为基础的极限状态设计方法，用分项系数的设计表达式进行计算。

5.2 荷载及荷载效应组合

5.2.1～5.2.4 模板系统承受的荷载分类参照现行国家标准《建筑结构荷载规范》GB50009 和《建筑施工模板安全技术规范》JGJ162 规定。铝合金模板及支架自重标准值（G_{1k}）应根据模板设计图纸计算确定。

5.3 变形容许值

5.3.1 一般模板的变形确定，根据《混凝土结构工程施工及验收规范》GB50204 确定。《建筑施工模板安全技术规范》JGJ162 中规定组合钢模板的单块挠度不大于 1.5 mm。铝合金模板的变形值结合实际情况确定。

5.3.2 当组合铝合金模板发生整体变形时，可不验算铝合金模板面板、竖筋、横肋的变形，而当组合铝合金模板发生局部变形或承受局部荷载时，应对铝合金模板面板、竖筋、横肋的变形分别进行验算。

5.4 模板及其支架构件计算

5.4.1 本条文以标准楼面模板为例对模板的抗弯强度和挠度进行了举例验算,为铝合金模板施工验算提供参考。

铝合金模板标准单元均为铝合金挤压型材,根据模板宽度分为100~600 mm不等的标准型材。实际设计制作时楼面板的通用标准规格为600 mm×1 200 mm,墙、柱模板的标准规格为400 mm×2 600 mm(标准长度根据建筑层高的差异略有不同)。

以楼面模板为宽度400 mm、翼缘高度为65 mm、板厚为4 mm的槽形简支梁计算,楼面模板的支撑间距为1 200 m,楼板厚为200 mm。

楼面模板的面板近似简化为四边固定的双向板,以400 mm×400 mm×4 mm的面板尺寸为例,查《建筑结构静力计算手册》计算。

弯矩

$$M = mqL^2$$

挠度

$$\nu = f\frac{q_k L^4}{B_C};\quad B_C = \frac{Eh^3}{12(1-\nu^2)}$$

由$\frac{L_x}{L_y}$=400/400=1 查《建筑结构静力计算手册》中表4-19得 f=0.001 27,m=0.051 3(支座处)。

楼面荷载承受荷载:4 mm厚铝模板自重G_{1k}=0.11 kN/m²;200 mm厚混凝土楼板G_{2k}=5.0 kN/m²;施工荷载Q_{1k}=2.5 kN/m²。

按国家标准《混凝土结构工程施工规范》GB50666－2011第4.3.6条计算模板的荷载基本组合效应设计值:

$$q = 1.35\alpha(G_{1k} + G_{2k}) + 1.4\varphi Q_{1k}$$
$$= 1.35 \times 1.0 \times (0.11 + 5.0) + 1.4 \times 1.0 \times 2.5$$
$$= 10.4(kN/m^2)$$

$$M = mqL^2 = 0.0513 \times 10.4 \times 0.4^2 = 0.09(kN \cdot m/m)$$

$$W_a = \frac{bt^2}{6} = \frac{400 \times 4^2}{6} = 1\,067(mm^3)$$

$$\sigma = \frac{M}{W_a} = \frac{0.09 \times 10^3 \times 400}{1\,067} = 33.74(N/mm^2) < 200\ N/mm^2$$

受弯验算合格;若在焊接区,$\sigma = 33.74\ N/mm^2 < 100\ N/mm^2$,受弯验算合格。

挠度验算取标准值:

$$q_k = 5 + 0.25 = 5.25(kN/m^2)$$

$$\nu = f\frac{q_k L^4}{B_C} = 0.001\,27 \times \frac{5.25 \times 10^{-3} \times 400^4}{\frac{70\,000 \times 4^3}{12 \times (1 - 0.3^2)}}$$

$$= 0.42(mm) < 400 \times \frac{1}{400} = 1(mm)$$

挠度验算合格。

5.4.2 楼面阴角模板的计算示例如下:

楼板模板承受荷载:单块铝模板自重 $G_{1k} = 0.25\ kN/m^2$;200 mm 厚混凝土楼板 $G_{2k} = 5.0\ kN/m^2$;施工荷载 $Q_{1k} = 2.5\ kN/m^2$。

$$q = 1.35\alpha(G_{1k} + G_{2k}) + 1.4\varphi Q_{1k}$$
$$= 1.35 \times 1.0 \times (0.25 + 5.0) + 1.4 \times 1.0 \times 2.5$$
$$= 10.6(kN/m^2)$$

楼面模板传来荷载:

$$P = \frac{ql}{2} = \frac{10.6 \times 1.2}{2} = 6.36(kN/m)$$

阴角模板所受弯矩:$M = 6.36 \times 0.1 = 0.636(kN \cdot m/m)$

截面最大正应力：

$$\sigma = \frac{6M}{t^2} = \frac{6 \times 0.636 \times 10^3}{5^2} = 152.64(\mathrm{N/mm^2}) < 200\ \mathrm{N/mm^2}$$

5.4.4 楼板底模的荷载传递路径主要为荷载→面板→销钉→铝梁→单立杆→基础或楼层。铝合金面板之间通过销钉连接，属于半刚性连接方式，出于安全，销钉连接按铰支考虑。

5.4.6 对拉片计算示例如下：

计算参数：$[\sigma] = 215\ \mathrm{N/mm^2}$；拉片截面面积为 $A = 36 \times 2.75 = 99\ \mathrm{mm^2}$；跨度：$a = 600\ \mathrm{mm}$，$b = 600\ \mathrm{mm}$。

新浇混凝土作用于模板上的侧压力设计值：$F_s = 54.24\ \mathrm{kN/m^2}$。

$$\sigma = \frac{abF_s}{A} = \frac{600 \times 600 \times 54.24 \times 10^{-3}}{99}$$

$$= 197.24(\mathrm{N/mm^2}) < 215\ \mathrm{N/mm^2}$$

5.4.7 对拉螺栓计算示例如下：

计算参数：

$\phi22$ 对拉螺栓；螺栓内径为 18.4 mm；净截面面积为 265.9 $\mathrm{mm^2}$；实际单根对拉螺栓最大受力面积为 0.8 m × 0.8 m，实际承受拉力为 $N = 0.8 \times 0.8 \times 54.24 = 34.71(\mathrm{kN}) < 43.6\ \mathrm{kN}$，满足要求。

5.4.8 按简支梁验算背楞示例如下：

背楞用两条 80 mm × 40 mm × 2.0 mm 的矩形钢管焊接而成。对拉螺栓最大间距为 800 mm。

(1)背楞截面特性。

背楞毛截面惯性矩：$I_s = 371\,300 \times 2 = 7.43 \times 10^5(\mathrm{mm^4})$；

截面抵抗惯性矩：$W_s = 9\,280 \times 2 = 1.86 \times 10^4(\mathrm{mm^3})$；

计算剪应力处以上毛截面对中和轴的面积矩 $S_0 = 1.20 \times 10^4\ \mathrm{mm^3}$。

(2)背楞强度验算。

背楞间距800 mm作为计算宽度,近似按均布荷载计算,对拉螺栓间距为800 mm。

根据国家标准《混凝土结构工程施工规范》GB50666,新浇混凝土侧压力取以下两式计算的较小值:

$$F_1 = 0.28\gamma_C t_0 \beta V^{\frac{1}{2}} = 0.28 \times 25 \times 5 \times 1 \times 1.5^{\frac{1}{2}}$$
$$= 42.87(\mathrm{kN/m^2})$$
$$F'_1 = \gamma_C H = 25 \times 2.8 = 70(\mathrm{kN/m^2})$$

故新浇混凝土侧压力标准值取为:$G_{4k} = 42.87\ \mathrm{kN/m^2}$;

倾倒混凝土时产生的施工活荷载标准值:$Q_{2k} = 2.0\ \mathrm{kN/m^2}$;

按《混凝土结构工程施工规范》GB50666-2011第4.3.6条计算模板的荷载基本组合的效应设计值:

$$F = 1.35\alpha G_{4k} + 1.4\varphi Q_{2k}$$
$$= 1.35 \times 0.9 \times 42.87 + 1.4 \times 1.0 \times 2$$
$$= 54.89(\mathrm{kN/m^2})$$

0.8 m计算宽度的均布荷载为

$$q_g = 0.8F = 0.8 \times 54.89 = 43.91(\mathrm{kN/m})$$

$$M_{max} = \frac{q_g L^4}{8} = 43.91 \times \frac{8.00^2}{8} = 3.51 \times 10^6(\mathrm{N \cdot mm})$$

截面最大正应力:

$$\sigma = \frac{M_{max}}{W_s} = \frac{3.51 \times 10^6}{1.86 \times 10^4} = 188.71(\mathrm{N/mm^2}) < 215\ \mathrm{N/mm^2}$$

满足要求。

最大剪力:

$$V = \frac{1}{2} q_g L = \frac{1}{2} \times 43.91 \times 800 = 1.76 \times 10^4(\mathrm{N})$$

最大剪应力:

$$\tau = \frac{VS_0}{I_s t_w} = \frac{1.76 \times 10^4 \times 1.2 \times 10^4}{7.43 \times 10^5 \times (2.0 \times 4)}$$

$$= 35.53(\mathrm{N/mm^2}) < 125\ \mathrm{N/mm}$$

满足要求。

(3)背楞挠度计算。

荷载组合标准值:

$$q_{gk} = 42.87 \times 0.8 = 34.30(\mathrm{kN/m})$$

$$\nu = \frac{5q_{gk}L^4}{384E_aI_a} = \frac{5 \times 34.30 \times 800^4}{384 \times 2.06 \times 10^5 \times 7.43 \times 10^5}$$

$$= 1.20(\mathrm{mm}) < \frac{800}{500} = 1.6(\mathrm{mm})$$

5.5 构造要求

5.5.2 重叠长度是保证可调钢支撑整体刚度的重要项目,规定重叠长度应大于300 mm,如果插管重叠长度不足,在施工安装时很可能造成安全事故。重叠长度可按下列方法检查:用游标卡尺测量套管顶边至插销槽上口的距离,再测量插管最下面的孔上边缘至插管底部的距离,两者相加,共测2点。

5.5.4 本条主要介绍了组合铝合金模板的构造形式。

6 施 工

6.1 一般规定

6.1.1 说明了组合铝合金模板应根据工程特点编制专项施工方案,审批通过后方可实施;明确说明了组合铝合金模板的施工流程。为加快铝合金模板的周转使用,提高施工效率,采用分层分段流水作业;安装时,按照剪力墙(柱)→梁→楼板的施工顺序;拆除时,按照剪力墙(柱)→楼板→梁的施工顺序;充分利用组合铝合金模板早拆体系施工技术。《组合铝合金模板施工方案》应包括以下内容:

1 组合铝合金模板设计概况;

2 组合铝合金模板支撑体系配模计划;

3 组合铝合金模板施工方法;

4 组合铝合金模板质量控制措施;

5 组合铝合金模板安全施工措施;

6 组合铝合金模板支撑体系计算书。

6.1.2 在拉片体系中,主要针对所有外墙、楼梯间墙体,需要设置花篮钢丝绳,与主体构件进行有效拉结,防止混凝土浇筑时可能产生的位移、倾覆现象。

6.2 施工准备

6.2.1 组合铝合金模板安装交底内容如下:

1 项目的基本数据:层高、变化情况、混凝土展开面积、变化层情况等;

2　项目难点：设计难点、施工要点、特殊部位设计意图及变化层安装注意事项等；

3　铝合金模板上标识：各部位模板（如墙模、板模）如何识别，模板长宽尺寸如何读取等，交底应履行签字手续。

6.3　安　装

6.3.1　模板安装位置的平整度直接关系到模板的垂直度和模板安装质量，所以需要在模板安装前对安装位置进行检查。模板安装前须在墙、柱线内加上必要的定位基准；定位基准一般指施工过程中为方便墙、柱定位加定位销或钉板条压角等。

为了提高混凝土观感质量，必须在铝合金模板表面涂抹脱模剂。脱模剂涂刷应均匀一致，不宜过厚，无漏刷挂流现象。

脱模剂需要成模时间快、耐抗冲击力、不腐蚀模板和混凝土、耐雨水冲刷、脱模效果优良、环保（无毒、对人身无害），脱模剂不应影响结构性能，且不应影响脱模后混凝土表面的后期装饰。

6.4　拆　除

6.4.2　现浇混凝土顶板设计与施工中，利用混凝土早期强度增长快的特点，人为地将结构跨度减小，从而降低拆模时混凝土应达到的强度，实现早期拆模。当实施模板的第一次拆除时，由于顶板混凝土尚未达到设计强度，此时顶板保留竖向支撑支顶不牢，或在拆除时扰动保留部分的支撑原状，或保留支撑被拆除后再做二次支顶，结构受到扰动，会影响混凝土的后期强度，降低结构的安全度，并使结构可能出现挠度超标、裂缝超标等混凝土缺陷。

7 检查与验收

7.0.1 组合铝合金模板的安装质量直接影响到混凝土的成型质量，模板安装完成后，应按本章要求进行检查和验收。

本规程中，凡规定全数检查的项目，通常均采用观察检查的方法，但对观察难以判定的部位，应辅以测量检查。凡规定抽样检查的项目，应在全数观察的基础上，对重要部位和观察难以判定的部位进行抽样检查。抽样检查的数量通常采用“双控”的方法，即在按此比例抽样的同时，还限定了检查的最小数量。

7.0.2 现浇混凝土结构的模板及其支架安装时，上下层支架的立柱应对准，以利于混凝土自重和施工荷载的传力，这是保证施工安全和质量的有效措施。

7.0.3 脱模剂沾污钢筋和混凝土接槎处可能对混凝土结构受力性能造成明显的不利影响，故应避免。

7.0.4 铝合金模板系统中主要采用可调钢支撑，其规格、数量、间距直接影响到工程安全和质量，应严格按照设计方案布置。

7.0.5 销钉、背楞和对拉螺栓的检查包括间距、数量、是否按要求锁紧；定位撑条的检查包括数量、设置的位置是否正确、是否顶紧到位；斜撑的检查包括数量是否符合要求、预埋螺栓是否扭紧等。这些项目的检查不需使用仪器辅助，需全数检查。

7.0.8 对预埋件的外露长度，只允许有正偏差，不允许有负偏差；对预留洞内部尺寸，只允许大，不允许小。在允许偏差表中，不允许的偏差都以“0”来表示。

7.0.9 表7.0.9中模板安装允许偏差的数值是按拆模后混凝土成型质量不抹灰的标准确定的。拆模后混凝土不抹灰可以减少建筑垃圾,符合国家绿色施工的政策要求。当工程要求抹灰时,可以对表中数据适当放松。当工程要求达到清水混凝土效果时,需满足现行国家标准《清水混凝土应用技术规程》JGJ169 的相关要求。轴线位置定位的准确性对后期模板安装质量、混凝土成型质量的影响非常大。工程经验表明,铝合金模板工程一般要求轴线偏差在 2 mm 以内。本规程在现行国家标准《混凝土结构工程施工质量验收规范》GB50204 的基础上,考虑铝合金模板工程的实际应用情况,将轴线位置偏差定为 3 mm。

8 维修、保管与运输

8.1 维修与保管

8.1.1 在旧模板循环使用过程中，由于各种因素的影响，拆模后混凝土质量将达不到工程要求，此时需将模板返回工厂修复。修复后的模板由于使用或修复过程中挤压拉伸的影响，可能会出现正偏差，而宽度方向本身尺寸较小则一般不允许出现正偏差。在模板使用过程中，由于多次清理，面板厚度可能会更薄，但仍需保证面板的强度与刚度。在模板使用过程中，销钉孔可能会更大，但孔间距不得偏差太大，应保证模板安装时相邻模板孔位对齐。对变形的模板应及时调整，焊缝应及时修补。

8.1.2 入库保存的配件，应是经过维修保养合格的，并应分类存放，小件应点数装袋，大件要整数成垛，以便清仓查库。堆放场地不平整时应垫平。

8.1.3 模板及配件宜放在室内或敞棚内，不宜直接码放在地面上。铝合金模板应垫离地面 100 mm，除可以防止因地面潮湿污浊模板表面外，还给模板下次取用留出叉车空间或行车穿钢丝绳空间。